المحب القلب مركز, www.lovingheartcentre.net

Physics: Arabic Edition

فيزياء

ميهتا شيام بواسطة

□□ □□ □□□□.

□□□□□□ □□ □□□□□□□□ □□□□□□□.

□□□□□□□□ □□□□□□□□ □□□□□□□□.

2039 - 1952, ميهتا شيام

فيزياء

Physics: Arabic Edition

القلب مركز المحبة مجموعة من 30 المجلد

ISBN: 978-1-291-83281-5

المــراجع

الله عند من كان ماكتبته أغلب إن
:- التاليين كتاب 51 الـ كتبت لقد

النكت كتاب -1

ظريفة غير كانت الجنسية وليست العنصرية النكت
ISBN : 978-1-4092-9071-1

2- والسعادة المتقدم للحب الرجل دليل : 1-4121-
5210-0

المرأة و الرجل من كلا ان الكتاب هذا فى اعرض
نعتقد كنا مما سلام واكثر أسعد حياة يعيشوا ان يمكن
3- الاحلام وتحليل الفلك علم : 978-1-9092-:
9024-7

نظام . احلامك خلال من الرسائل . الفلكى رقمك
الخالق
4- الذاتية سيرتى -: : 978-1-4092-8654-7
ISBN

انا من
5- المسيحية -: 4092-9112-1
: 978-1- ISBN

الان يعتبر لماذا . هذا من تبدأ العالم شرور كل لماذا
تاريخ

6- الاقتصاد :- 978-1-4092-9137-4
: ISBN

القديم العلم من اصلية عملية نظر وجهة
7- الاخيرة الافكار :- 978-1-4092-8953-1
:ISBN

فى تحتاجها التى العلمية النصائح اغلب يلخص هذا
والمرح والسعادة بالصحة مملوءة حياة تطوير
8- العالم مستقبل :- 978-1-4092-9058-2
:ISBN

الرئيسية العوامل على المعقولة النظر وجهة ماهى
القادمة سنة 20 الـ خلال فى عليك المؤثرة
9- الله :- 978-1-4092-8918-0
:ISBN

تقرر ان تحتاج التنبوات
10- الصحة :- 978-1-4092-9052-0
:ISBN

لاتفعل ان يمكنك وماذا تفعل ان يمكن ماذا

The loving Heart centre.www. loving Heart center. Net

978-1-4092-9135-0 :- الطفل ترى كيف 11-
:ISBN

الطرق افضل
-978-1 :- العامة المعلومات طفلك تعلم كيف 12-
4092-9104-0

ماتحتاجه نعطيك هنا ولكن لانحتاجه مانتعلمه اغلب
-978-1-4092 :- الرياضيات طفلك تعلم كيف 13-
9103-9

وتامة سهلة الرياضيات يجعل الرياضيات عالم
للشباب
1-4121-5380-8: كيت الانسان ذات تحليل 14-
:ISBN

وجسدك بكفاءة الجنسية اعضائك تعمل كيف
عقلك ووظيفة العاطفى ومركزك
1-4121-5321-2 : الهندى الزواج 15-
:ISBN

سعيدة زواج فترة اطول تحقق ان تسطيع كيف
1-4121-5211-9 : الهندية والفلسفة الدين 16-
:ISBN

تحقيق فى تساعدك لكى الهندية الفلسفة وضعت قد
الحياة فى هدفك

-978-1: الحيوانات من المستفادة الدروس 17-
4092-8897-8

لايحدث لماذا تماما دمر قد للانسان المناعى الجهاز
البرية للحيوانات بالنسبة ذلك

978-1-4092 : والاغانى القصائد من كثير 18-
:ISBN

اغانى بعرض الكتاب هذا وغى مقفى نثر هو الشعر
جميلة وقصائد

- 978-1-4092 : الله الى تقربك الموسيقى 19-
9277-7

يجلب شئ كل ليس . تحبها التى الموسيقى الى استمع
تفعل ماذا – الهدوء

1-4121 -4384-0 : الطبيعى الطب 20-
:ISBN

لايساعدك وماذا يساعدك ماذا

978-1-4092 -9098-8 : اكسفورد جامعة 21-
:ISBN

الاسوأ هى السوسرية الجامعات تعتبر : العالم هذا فى
اليك بالنسبة مهمة ذلك معرفة تعتبر لماذا .

1-4121 -5365-4 : ملابس بدون الاشخاص 22-
:ISBN

من لاكثر المكان الهند فى البنجالور تكون لماذا
سنة 50000
؟ لديكم التى الاطفال عدد كم
؟ الان العاريين الاشخاص أين

-5164- 1-4121 : العاطفية الطاقة مجال انجاز -23
3

المرض , الرئيسية الجذرية الاسباب تعالج ان تحتاج
عليك بالسلب دائما يؤثر العاطفى

The loving Heart centre.www. loving Heart center. Net

1-4121 -5169-4 الحب طاقة مجال انجاز -24
:ISBN

هذا فى تجده لم اذا . الحب عن تبحث ان تحتاج
تجده لكى والجهد الوقت الى تحتاج فإنك الوقت

1-4121 -5165-1 : العقل طاقة مجال انجاز -25
:ISBN

ويحللها تحتاجها التى المعلومات يأخذ الذكى العقل
يقرر ثم ونزاهة بحكمة

-5167- 1-4121 : الجسدية الطاقة مجال انجاز -26
8

سعيد انت هل ؟ وصحى وقوى لائق جسدك هل ؟ عليه هو الذى بالشكل

27- انجاز مجال الطاقة الجنسية :- 1-4121 -5163-5

شريك مع سليمة جنسية حياة لديك يكون ان تحتاج ؟ ذلك لتحقق تحتاجها التى الخطوات ماهى . حياتك

28- القصائد والاغانى :- 978-1-4121 8831-2 :ISBN

الاغانى بعض يوجد وهنا . المقفى النثر هو الشعر والقصائد

29- الفيزياء :-
: ISBN

الحديثة الفيزياء فى تفاهات يوجد . تفعل ان يجب ماذا للفيزياء الصحيحة القوانين .

30- العلوم :- 1-4121 -5235-6 :ISBN

العالم لتساعد جديدة علوم

31- شريماد بها جفاد جيتا والتعليق :- 978-1-4121 -8758-2 :ISBN

لك واحدة وهذه . والتعليقات الترجمات انسى

32- الرحلة الدينية والروحية :- 1-4121 -5206-2 :ISBN

والاشباع الارضاء الى تحتاج طاقتك مجالات كل
الجنسية بالطاقة تبدأ ان ولابد

33- للاطفال القصص -: 978-1-4092 -8990-9
ا ISBN:

التليفزيون تنسى تجعلك العاطفيه الحب قصص
الاخرى والاشياء والكمبيوتر.

34 – الافكارالـ 108 بنتجالى للورد الرئيسية : ISBN: 1-4121-5160-5

يوجا تكون كيف لاعرض رياضى بسيط منطق استخدمت لقد للطلاب مصيدة هى سوتراس

35- للهند المقدسة الثمانية صوصنلا ISBN: 1-4121-5162-7

بعناية وضعت قد النصوص هذه ان الكتاب هذا فى عرضت للهند الفارسيين الحكام على تأثير لها يكون لكى وحذر

36- العالم خيرات ISBN: 1-4121-5166-X

البداية منذ الكون تاريخ لكل وحيد سبب يوجد

37- العقل ةفسلف ISBN: 978-1-4092-9042-1

مثل لعقلى الاساسى المزين يعتبر ويسترن مستر النفسى العالم ان اقدم الكتاب هذا فى . فكرة لديه ليس وكان ؟ وستالين اينشتاين نفسك فهم لكيفية اصلية افكار

38- الغريبة ةفسلفلا : ISBN: 1-4121-5207-0

هو يكون ماذا لخصت لقد

39- المسيحية المرأة عن الرجال يعرف ان يجب اذام

ISBN: 1-4121-5450-2

هذا . للحب يحتاج كلاهما . النساء من نوعين يوجد احداهما تحب كيف يخبرك الكتاب

40- الاخرى والامور الخنازير لانفلونزا تفعل ماذا ISBN: 978-1-4092-9077-3

(المصل) المضادة الجرعة امتلك انى

42- العاريات ءاسنلا ISBN: 978-1-4092-8960-9

اشكالهم – وظيفتهم – هدفهم

43- العاطفية لمشاكلك الفن اعمال ةجلاعم ISBN: 978-1-4092-9264-7

غليان حالة فى تصبح عواطفه فإن ضغط تحت يقع شخص اى
الغضب الى يؤدى وهذا

44- اجويلا ISBN: 1-9121-5161-9
اليوجا تمارين ممارسة عند السلبية الاثار من الكثير يوجد
والتأمل التنفس واساليب

45- مسرامة وفلسفة اليوجا : ISBN

, هاثا , البهاكتى : مثل اليوجا انواع جميع عملية بطريقة يناقش

يناقش و (ينجار) والكوندالين (كريا) كارما ,+ (راجا) حنانا

حياتك طريق واختيار والرب الروح طبيعة

46- اجويلا : طريقة ينجار , الجزء الثانى ISBN: 978-1-

4092-9089-6

تستخدمهم ان يجب ومتى الملصقات تسخدم لماذا

47- كسفن وعقلك ISBN:1-4121-5208-9

اشرح سوف وهنا , خاطئ بشكل يعملان والنفس العقل , اليوم

نفسك مساعدة تستطيع كيف

www. بى الخاص الموقع من تحميلها يتم ان يمكن الكتب اغلب

The loving hearts centre.net

باعة خلال من عليه الحصول يمكن اليوجا وممارسة فلسفة وكتاب

الكتب

الكتاب باللغة الانجليزية ولكنه متاح ايضا باللغة العربية والبرتغالية والايطالية والالمانية والفرنسية والصينية والبنغارية والاسبانية والروسية

- كثير من لوحاتى معروضة على الموقع الخاص بى / loving hearts centre.net www. My paintings. Htm

مقدمة

الحالي الغربي النهج مع مريحة تكن لم الذين لطيفة الناس لجميع هو الكتاب هذا
.الحقائق مع تتناسب لا حيث النظريات و السليم الحس فقدان يتم حيث : للفيزياء

شعور في كبير تقدم إحراز تم لم ولا . هراء الحديثة الفيزياء أن الكتاب في يجادل لا أنا
.عاما 80 منذ موقف (جيد) من التجريبية

سطور في يفسر ما وهذا .الكون في تطبق التي الفيزيائية القوانين من الكتاب هذا يضع
.خاطئة ذهب قد التحديد وجه على النسبية حيث

أي في النظرية الفيزياء البحوث إدارة ل حاجة أي هناك يعد لم المعرض هذا مع
كيفية العملي الفيزياء تستكشف أن في رغبت إذا فقط : العالم أنحاء جميع في جامعة
تركز النظرية الفيزياء الإدارات يمكن و القرار هذا في المحددة الجديدة القوانين تطبيق
.للطلاب التدريس الفيزياء على

شرودنغر لا القط هناك .غريبة الأبعاد متعددة hyperspaces أي يعد لم الآن هناك
خلال من الضوء موجة ذهبت الذي الطريق على اعتمادا الحياة قيد وعلى مات الذي
. الألغاز جميع حل يتم . هايزنبرغ لا اليقين عدم مبدأ هناك ! ثقب

على والعملية النظرية الفيزياء في الجهد كمية أن أيضا الاعتبار في يوضع أن وينبغي
هذه على مورست التي الهائلة المالية و الفكرية الموارد هناك .يصدق لا سواء حد
يمكن الطلاب ألمع . العالمي للاقتصاد الموارد من هائلة النفايات يمثل هذا .المواضيع
الكون من أكثر غريبة نظريات عن التعلم مضى وقت أي من فائدة أكثر شيئا تفعل أن
.عليه تشكل التي والقوى

الذي العمل هو هذا .الفوضى من حالة في ليست الأساسية والفيزياء سابقا، ذكر كما
.الزمن اختبار أمام وقفت سنة 80 قبل حتى أجري

.مفيد هو الممارسة في والحديثة الأساسية الفيزياء حققته ما على فاحصة نظرة ولكن،
في يعزى هذا .الحديثة الأدوات من والعديد النقالة، والهواتف والراديو، تلفزيون لدينا
إذا ما على خارج هو المحلفين هيئة .مثال القديمة الأساسية الفيزياء إلى الأول المقام

قريبا والهنود الصينيين حيث عالمي اقتصاد سياق في المستدامة التنمية هو هذا كان .تصورها يمكن لا ثم ستكون التلوث مستوى وحيث الأدوات نفس أيضا تحتاج سوف الحديثة الفيزياء قد ما استخدام من الذرية، والقنبلة النووية الطاقة عن النظر وبصرف كان؟

خطوة بنقل قمت ،(ذلك غير أو الكتاب هذا لقراءة نتيجة) كان إذا هو مفيد؟ هو وما .الله محبة إلى أقرب واحدة

ميهتا شيام

المحب القلب مركز

www.lovingheartcentre.net

2009يونيو28

مقدمة

تم الماضية 80 ال السنوات مدى على . الفوضى من حالة في هي الحديثة الفيزياء . نظرياتهم في التناقضات لحل محاولة جدوى دون مفرغة حلقات في تدور الفيزيائيين : حاليا لديهم المشاكل من بعض و هنا

على يتوقف وهذا ، الحياة قيد وعلى مات قد القط أن هو ' الحكمة ' المقبول المعيار . 1 !(لا طفلا كنت أنا) تجربة في مختلفة حفرة أو واحد يمر الضوء شعاع كان إذا ما

هراء وجميع السلاسل و القذف الأبعاد 23 . 2

الزمكان من الانحناء هناك . 3

الآخر يعادل ما للمرء يمكن بحيث والمكان الزمان ربط هناك . 4

هناك حيث واحد وقت معرفة يمكنك لا حيث ، اليقين عدم مبدأ " هايزنبرغ " هناك . 5 سرعته و شيئا

10 يكون أن يجب تقول واحدة نظرية أن ثابت هو الذي ، الكوني الثابت لغز هناك . 6 (الكم فيزياء مقابل النسبية) أخرى نظرية من أكبر 120 ^

لإيجاد محاولة في القز يوقف أن يحاول عالم في جيدة الفيزيائي كل أن حقيقة هناك . 7 على الكم ميكانيكا و النسبية بين النزاعات لتسوية أي) الكبرى للفيزياء موحدة نظرية . (التالي النحو

. الكم وميكانيكا النسبية بين تضارب هناك . 8

إلى ثم ومن كذلك ليس هو وما الصحيح هو ما الله من نطلب أن ببساطة هو توجهي و داخليا يتسق ما وهو ، الحقائق يناسب الذي متماسك إطار لدينا كان إذا ما معرفة ذلك و ، به القيام يحاول فيزيائي كل في كما القز مع المطاف نهاية في نحن .المنطقي نحن . المهملات سلة في النافذة، من يخرج النسبية :القياسية الكم ميكانيكا ببساطة هو يتم قبل، من لا كنا مما الفيزياء من أقل حتى الأساسية المعادلات مع المطاف نهاية في وتبسيط ، الآن نفس لدينا ، جديدة نظرية لدينا ليس و . أعلاه المثارة القضايا كل حل . فقط

وقتا يستغرق وأنه ، الفور على ضوء التحركات أن هو جعلت لقد الحاسمة الملاحظة . والروح ، الينا للوصول للظهور طويلا

محتويات

الحديثة الفيزياء في هراء الكثير :0 الفصل

هذه أن في الكتاب هذا من لاحق وقت في وسترون أهمها على نظرة نلقي دعونا مع التمثال قاعدة على ضعت و الكم فيزياء عزل يتم عندما تختفي nonsenses . النفايات بن ورقة إلى المرسلة النسبية

الكم الشذوذ . 1

) ويكي هو 17 القضايا هذه حول للمعلومات مصدر أفضل
http://en.wikipedia.org/wiki/Anomaly_ (الفيزياء) (:

الكلاسيكي العمل التماثل عدم هو الكم الشذوذ أو شاذة حالة الكوانتية الفيزياء في " الكلاسيكية الفيزياء في . الكامل الكم لنظرية تسوية أي في التماثل يكون ل نظرية إلى يذهب التناظر كسر المعلمة الذي الحد في استعادتها إلى التماثل فشل هو شذوذا يزال لا : الاضطراب في المبددة الشذوذ المعروفة الشذوذ أول كان ربما، .الصفر التلاشي من الحد في (المحدودة الطاقة تبديد معدل و) متقطعة الانعكاسية الوقت .اللزوجة

ليس ولكن العمل، من التماثل هو الكم نظرية في الشاذة التماثل وهو ، الفنية الناحية من . " ككل التقسيم وظيفة لا حتى و التدبير، من

. "نعم" أرد الذي ، الهراء هذا ما يقول قد

التناقضات . 2

معادلات و النسبية بين المقبل تناسق عدم ل إليه نحتاج ما كل هو ويكي من مقدمة : الكم فيزياء إلى يستند شرودنجر

الأكثر المعروفة وصف عليها يقوم التي المبادئ من مجموعة هي الكم ميكانيكا " الذري المستوى على) بالمجهر مرئي غير نطاق في الفيزيائية النظم لجميع الأساسية من الجسيمات مثل سلوك و مثل الموجة واحد وقت في هي المبادئ هذه أبرز ومن . (الحالات في الاحتمالات التنبؤ و ، (" الجسيمات الموجة ثنائية ") والإشعاع المادة تقريب كما اشتقاق يمكن الكلاسيكية الفيزياء . اليقين الكلاسيكية الفيزياء تتوقع التي .الجسيمات من كبيرة أعدادا تضم التي الظروف في وعادة ، الكم فيزياء ل جيد

المقياس أبعاد من قريبة هي التي النظم في خاصة أهمية ذات فهي بالتالي الكم الظواهر دون الجسيمات و والبروتونات ، والإلكترونات والذرات الجزيئات مثل ، الذري على الكم ميكانيكا تأثيرات تظهر التي النظم بعض ل استثناءات وجود .الأخرى الذرية نظرية وتقدم .المعروفة الأمثلة أحد هو ثصشاعضحاصطساؤش ؛ العيانية و نطاق و الأسود الجسم إشعاع مثل سابقا المبررة غير الظواهر من لكثير دقيقا وصفا الكم الأنظمة من العديد عمل على ثاقبة نظرة أيضا أعطى وقد .مستقر الإلكترون مدارات . " البروتين هياكل و الشم مستقبلات ذلك في بما المختلفة، البيولوجية

من لكثير دقيق وصف لتوفير صحيح بشكل الكم نظرية جاء ربما كيف ستلاحظ ... جيد تقريب سوى ليست الكلاسيكية الفيزياء ولكن قبل من المبررة غير الظواهر

تقع قد مختلفة وظروف أوضاع في ثم تقريبي فقط هو شيء هناك كان إذا رأيي في . أكثر بسهولة

النموذجي المعيار . 3

) ويكي انظر ، ATLAS تجربة قبل من لفحصها ' ستاندرد ' نموذج لدينا ثم وجه على و (http://en.wikipedia.org/wiki/ATLAS_experiment / ويكي / http://en.wikipedia .org) القياسي النموذج وصف الخصوص : (Standard_Model

التفاعلات الأربعة من ثلاثة نظرية هي الجسيمات لفيزياء القياسي النموذج إن" هذه . التفاعلات هذه في تشارك التي الأولية الجسيمات و المعروفة الأساسية قياس نظرية هي القياسي النموذج .الكون في المرئية المادة جميع تشكل الجسيمات . (1) U × (2) SU × (3) SU قياس مجموعة مع قوية و الكهرضعيفة التفاعلات

نهاية في أسفرت قد 20 القرن منتصف منذ نفذت التي العالية الطاقة فيزياء تجربة كل إلى يرقى القياسي النموذج فإن ذلك، ومع . القياسي النموذج مع متسقة النتائج المطاف . المظلمة المادة أو الجاذبية يتضمن لا لأنه الأساسية التفاعلات من كاملة نظرية كونه الجماهير يصف لا لأنه سواء، اللبتونات كامل وصف على واردة ليست انها " .به القيام بسيطة الطبيعية التمديدات أن من الرغم على ، صفرية غير النيوترينو

على أينشتاين عمل ببساطة هو ، القياسي النموذج مع خاطئ شيء بالطبع هناك . خطأ على هو التي الجاذبية

تصميم نظرية . 4

) اينشتاين حول ويكي في قسم
: إلى يشير (http://en.wikipedia.org/wiki/Albert_Einstein

تصميم نظرية و هول حجة "

هول وسيطة : الرئيسي المقال

في المقياس ثبات من حيرة في أينشتاين وأصبح ، العامة النسبية نظرية تطوير مع أمر الحقل العامة النسبية نظرية أن استنتاج إلى قادته التي حجة صاغ . نظرية بحثت و ، عموما طردي بالكامل موتر معادلات عن يبحث تخلى انه وقال .مستحيل .فقط العامة الخطية التحولات تحت ثابتة سيتم التي المعادلات عن

من رسم وكان ، اسمها يوحي كما . التحقيقات هذه نتيجة Entwurf نظرية كانت وقت في . تحديد مقياس إضافية شروط تستكمل الحركة معادلات مع النظرية، الناحية أن بعد اينشتاين نظرية عن والتخلي ، العامة النسبية من صعوبة وأكثر أناقة أقل واحد . " مخطئا كان حفرة الحجة أن يدركوا

النظرية وأن مخطئا ليس حفرة الحجة أن نجد والرياضيات الفيزياء علماء أن أعتقد . الأمام إلى الطريق هو Entwurf

العامة النسبية السابقة الانتقادات . 5

شرودنجر بها أدلى التي العامة النسبية من شديدة انتقادات علما تأخذ أن أيضا يمكننا : ( ) نفسه

كيفية نرى أن الصعب فمن ولذلك ، الديناميكية الزمكان ل العامة النسبية يتضمن " من تحديدها يتم الكميات هذه ل نويثر نظرية يسمح .والزخم الحفظ الطاقة على التعرف من شيء إلى ثبات الترجمة يجعل العام التباين ولكن ، ثبات الترجمة مع لاغرانج

قبل من العامة النسبية ضمن المستمدة والزخم الطاقة .قياس التماثل السبب لهذا الحقيقي موتر تجعل لا ل نويثر presecriptions.

تبذل أن يمكن الجاذبية مجال لأن وذلك ، جوهرية لأسباب صحيح هذا أن أينشتاين قال الطاقة pseudotensor الزخم أن وأكد .الإحداثيات اختيار طريق عن تختفي ل مجال في الزخم الطاقة لتوزيع وصف أفضل الواقع في كان noncovariante . معيار أصبح و وغيرها، ، يفشيتز يفغيني و لانداو ليف النهج هذا ردد وقد . الجاذبية

1917 عام في شديدة لانتقادات pseudotensors مثل طردي غير الكائنات استخدام . " وغيرها شرودنجر اروين قبل من

الموحد المجال نظرية . 6

: ويكي يلاحظ كما الموحد الحقل نظرية في أمل لا الحال بطبيعة هناك

تعميم ل المحاولات من سلسلة في أينشتاين دخل ، العامة النسبية في بحثه وبعد " في . الكهرومغناطيسية شرح تسمح أن شأنها من والتي ، الجاذبية من هندسية نظريته " بعنوان الأمريكية العلمية المادة في " الموحد الحقل نظرية" له وصفه ، 1950 عام وأصبح ، لعمله أشاد استمر انه من الرغم على [56] ". تجاذب لل المعمم نظرية في في . المطاف نهاية في تنجح جهوده كانت و ، بحثه في متزايدة عزلة في أينشتاين الفيزياء في السائدة التطورات بعض آينشتاين تجاهل ، الأساسية القوى توحيد ل سعيه سنوات حتى جيدا مفهومة تكن لم التي ، والضعيفة القوية النووية القوات وأبرزها ، إلى آينشتاين النهج كبير حد إلى تجاهل المقابل، في السائدة، الفيزياء .وفاته بعد عديدة المهام يحفز الجاذبية مع الفيزياء توحيد أخرى قوانين من اينشتاين حلم .التوحيد تظهر حيث ، الأوتار نظرية الخصوص وجه على و شيء، كل نظرية ل الحديثة . " موحدة الميكانيكية الكم إعداد في الهندسية الحقول

استنتاج . 7

كتاب هذا يفسر ما وهذا ، والعامة الخاصة النسبية عن التخلي هو مطلوب هو ما كل حال أي في علاقة له واحد.

ميكانيكا :1 الفصل

:صحيحة خارجية قوة أي إلى تخضع لا التي للكتلة القياسية الميكانيكا قوانين

التي الثلاثة المتعامدة الاتجاهات من واحد أي هو x حيث 0 2x/dt = 2 ^ ^ د
.إلى تقسيمها يمكن الكائن الحركة

:أيضا الصحيح هو الثاني القانون

.التسارع =و والقوة الشامل = و = m حيث F = MXA

:تصحيح وأيضا ،(الفعل رد يساوي العمل) الثالث القانون أيضا وهناك

،ت س م = F

انظر الثلاثة، هؤلاء من متابعة ميكانيكا الأخرى القوانين

للنسبية الخاصة النظرية :2 الفصل

ضوء ويسافر ، التناقض في الخاصة النسبية أن ويقول ، الكلاسيكية الميكانيكا إلى هذا من .تتحرك التي السرعة مدى عن النظر بغض ، المراقبين جميع ل السرعة بنفس . 2 ^ E = M س C الصيغة استخلاصه يمكن

هو يعادلها، ما الواقع في هي والكتلة الطاقة أن على تنص التي الماضي، الصيغة هذه .الصحيح

إذا .لانهائية سرعة لديها أن القول يمكن ذلك من بدلا . يسافر لا ضوء وعلى ، ولكن سطح على هناك ضوء وعلى ، القمر سطح على من تألق و الضوء لمبة بتشغيل قمت . الفور القمر

وهذا ، الأرض على هنا تلسكوب خلال من وينظر ، أخرى مرة الضوء يرتد عندما إلى للسفر الوقت اتخذت قد الضوء وكأن يبدو .دقائق بعض لاحق وقت في يحدث الذي القمر هو الحقيقي القياس أداة الحالة هذه في .ذلك يفعل لم ولكنه . والعودة القمر القمر من للظهور وقتا يستغرق بعيدا، يكون ما أبعد لأنه .الأرض عن بعيدا هو الضوء أن يبدو . يستغرقه الذي الوقت من مزيد هو الكائن بعيدا و .الينا للوصول .C: الصحيح هو الضوء سرعة من يبدو و طويلا وقتا يستغرق

في لوحظت التي التشوهات بعض فهم في حاسم هو التفكير في الاختلاف هذا ولكن . (المثال سبيل على ، مورلي نيكلسون) يفسر أن يمكن لا الخاصة النسبية لاحق وقت

. معيبة يتم لا بالتالي و أعلاه الملاحظات على كليا تعتمد الخاصة النسبية بقية

نفس في التحركات تضيء التي الخاصة النسبية مفهوم رأيي في ، التحديد وجه على أن هو واحد سفرهم سرعة مدى عن النظر بغض الكائنات، لجميع النسبية السرعة) تفسير بكثير أكثر يصبح ثم لانهائية الضوء سرعة كانت إذا . تبرير الصعب من يبدو . (نهاية لا ما يزال لا العدد أي ناقص أو زائد نهاية لا ما رياضيا،

شاهد: http://en.wikipedia.org/wiki/Theory_of_relativity

العامة النسبية :3 الفصل

الزمان أن ، ' منحنى ' هو الزمكان أن : بسيط واحد اقتراح على العامة النسبية تقع الوقت . صحيحا ليس هذا . الآخر على منهما كل شعور مترابطة بعض في والمكان : انظر .الفضاء من تماما مختلفة كمية هو
http://en.wikipedia.org/wiki/Theory_of_relativity

من نرى وسوف
أينشتاين أن http://en.wikipedia.org/wiki/Einstein_field_equations
.الصيغة طبقت ما بالضبط فكرة لديه ليس

حيث ، الكوني الثابت و تأثير لإضافة الصيغة هي الصفحة أسفل نصف واحدة طريقة .ثابت أو والمقاولات، ، التوسع في آخذ الكون عدم أو وجود مع تفعل أن هو هذا

.التوسع وليس ، ثابت هو والكون ، ولكن .الصحيحة الصيغة هي هذه

) ويكي ما هو هنا
http://en.wikipedia.org/wiki/Cosmological_constant #
:يقول (Positive_cosmological_constant

الثابت يتوقعون الكمي المجال نظريات معظم أن هو الرئيسي معلقة مشكلة هناك " . الكوانتي الفراغ من الطاقة من الهائل الكوني

الكون وصف تم إذا .الفعال الحقل نظرية و الأبعاد تحليل من التالي الاستنتاج هذا فإننا ثم ، بلانك مقياس الى وصولا الفعالة المحلية الكمومي الحقل نظرية بواسطة الكوني الثابت فإن ، أعلاه ذكر كما . M ^ 4PL من أجل من الكوني الثابت نتوقع أسوأ " التناقض هذا على أطلق وقد . 10120 عامل خلال من ذلك من أصغر قياس " [6] " ! الفيزياء تاريخ في النظري التنبؤ

. BIG فمن .كبير تباين وجود هو 120 ^ 10

هذه من الوراء الى يعمل واحد كان إذا .الصحيح هو M ^ 4PL أن هي والحقيقة القانون على نحصل منحني الزمكان / الذي القيد دون الكوني الثابت من القيمة . أيضا المحلية الكم نظرية مع يتسق يحدث كما التي ' النسبية ' لل الحقيقي

ماكسويل معادلات :4 الفصل

المعتاد يكي كما هو مصدر أفضل:
http://en.wikipedia.org/wiki/Maxwell% 27s_equations.

في انظر بسيطة، معادلات مجرد وهما ما، حد إلى بسيطة هي وهذه ذلك، ومع الصفحة في الطريق منتصف

(1873) والمغناطيسية الكهرباء على الاطروحه أ" المسمى القسم تحت.

الصحيحة هي المعادلات هذه.

5: الفصل
http://en.wikipedia.org/wiki/Quantum_mechanics

هو الكم ميكانيكا ل المفتاح http://en.wikipedia.org/wiki/Schr ٪ C3 ٪ B6dinger_equation :

كيف تصف التي معادلة هي شرودنجر معادلة ، الكم ميكانيكا وخاصة ، الفيزياء في " ل المركزية فمن .المناسب الوقت في التغييرات المادية لنظام الكمومية الحالة أن .الكلاسيكية ميكانيكا لل نيوتن قوانين هي كما الكم ميكانيكا

wavefunction أيضا وتسمى ، الكمومية الحالة و ، الكم لميكانيكا معيار تفسير في . المادية نظام ل تعطى أن يمكن التي اكتمالا الأكثر الوصف هو الدولة، ناقلات أو ، الذرية تحت و الذرية الأنظمة فقط ليس تصف شرودنغر معادلة ل حلول يدعى . كله الكون حتى وربما ، العيانية أنظمة أيضا ولكن ، والذرات والإلكترونات [1] . 1926 عام في شيد الذي ، شرودنجر اروين بعد المعادلة

إلى و ، هايزنبرغ مصفوفة ميكانيكا في رياضيا تتحول أن يمكن شرودنغر معادلة لل مريح غير بطريقة الوقت شرودنجر معادلة يصف . يتجزأ لا فاينمان مسار صياغة و هايزنبرغ صياغة في الحال هو كما خطيرة ليست مشكلة وهي ، النسبية نظريات . " يتجزأ لا مسار في تماما غائبة

ناقشنا أن معيب العامة النسبية معادلات مع آخر تناقض .ذلك لدينا هناك يكون لا حتى .الصحيح هو شرودنجر معادلة لكن . سابق وقت في

شبكة على الصفحة أسفل إلى الطريق منتصف في انظر) النسبية يعتبر عندما في ' النسبية ' عنوان تحت الإنترنت http://en.wikipedia.org/wiki/Schr ٪ C3 ٪ B6dinger_equation) ،

النظام، الموجة معادلة مرة لأول يستخدم المشكلة هذه حل في تطورا أكثر محاولة" ." السلبية الطاقة حلول هناك أخرى مرة ولكن ، ديراك معادلة

، آخر مكان في لي شرح كما لأنه حاجة هناك التي تلك هي السلبية الطاقة حلول هذه . السلبية الطاقة وجود الكون مع العدم من الكون خلق و الإيجابية الطاقة لقد والله

، multiparticle صورة إلى تذهب أن الضروري فمن ، المشكلة هذه حل أجل من " ل وليس ، الكم لحقل الحركة معادلات كما الموجة معادلات في والنظر wavefunction .

مترجمة تكون أن يمكن لا . واحد جسيم صورة مع متوافق غير النسبية أن هو والسبب . مسمى غير لأجل تصبح الجسيمات عدد دون صغيرة منطقة ل النسبية والجسيمات يتناسب بمبلغ مؤكد غير الزخم و ، L طول من علبة في جسيم موضعيا يكون عندما HC / L، الطاقة من اليقين عدم إلى يؤدي وهذا .اليقين عدم بمبدأ L / ساعة تقريبا الغموض هذا .الجسيمات كتلة إهمال يمكن بحيث الكفاية فيه بما كبيرة | ع | عندما عندما الجسيمات من والطاقة الكتلة تساوي الطاقة في

في المستحيل من أنه و الطول، هذا تحت . كومبتون الموجي الطول يسمى ما هذا و فيه بما كبيرة الطاقة اليقين عدم منذ واحد، جسيم يبقى أن من والتأكد جسيم توطين الجسيم يموضع التي الآلية نفس الذي الفراغ من الجسيمات من المزيد لإنتاج الكفاية . " الأصلي

.هايزنبرغ اليقين عدم مبدأ ينطبق لا والجسيمات واحد حل هناك :أن هو والجواب

.بأكمله الكون قوانين تحديد وسبق الفيزياء من أخرى أساسية قوانين توجد لا

الفصل 6: نظرية Entwurf

.الذرية القنبلة والد ويجري كتبي، في آخر مكان أي في أينشتاين بشدة انتقد لقد حسنا،

دائما اختار انه وقال .مثالية ليست الرياضيات أن له كان التي المشاكل من واحدا كان .الرياضية الحلول ورجح .تعسفية بطريقة المشاكل حل في الرياضية النهج أبسط

.اليوم معروفا يكون لن فإنه وإلا .الحظ بعض لديه أن الواضح ومن

رسمي مقابل لك أشير أن أود

.التخمين هذا حدث كيف دقيق لتحليل

نظرية" عنوان تحت التقديمي العرض نفس في الحقيقية الجاذبية الصيغ تعيين يتم '. الجاذبية إبراهيم

.اينشتاين بواسطة 'أدان' جدا بسيط نموذج هذا كان

www.ingramcontent.com/pod-product-compliance
Lightning Source LLC
Chambersburg PA
CBHW021852170526
45157CB00006B/2415
* 9 7 8 1 2 9 1 8 3 2 8 1 5 *